簡單直裁の
43堂布作設計課

BOUTIQUE-SHA◎授權

要不要利用「直裁法」，

試著親自手作每天都會使用的手提包、手拿包，或裝飾品呢？

「直裁法」是只要直接在布面上畫直線＆剪下縫製即完成的簡單布作技巧，

因為不需要紙型，所以裁縫初學者也能迅速完成漂亮的作品。

你也趕快挑選心愛的布料，立刻動手試試看吧！

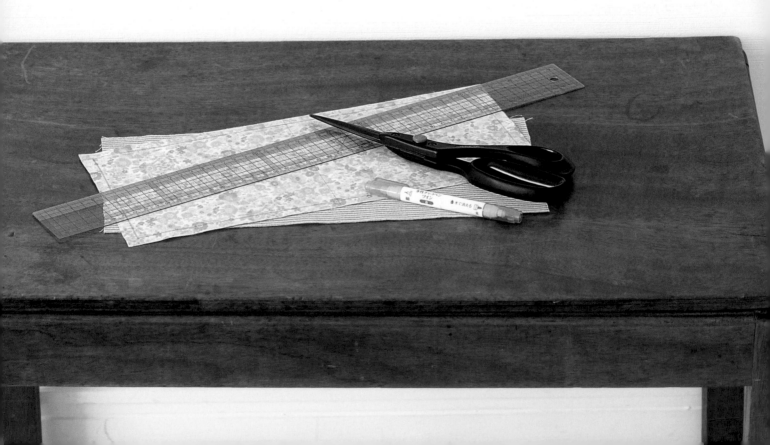

contents

日本原書製作團隊 staff

編輯…泉谷友美　野﨑文乃　松井麻美
編輯統籌…和田尚子
攝影…藤田律子　腰塚良彦（步驟）
版型設計…橋本祐子
插畫…榊原由香里

1

2

布料（印花布）／KOKKA（JG-49520-1C）
製作／金丸かほり

作法（詳細步驟圖解）✂----P.4

1

簡單的包型，完美襯托出印花圖案的可愛。袋身尺寸恰好可以收納錢包、手機、水壺，非常適合短暫外出時使用。

2

拉鍊手拿包的側邊拉繩超方便，輕輕一拉，就不怕淹沒在包包裡。特別推薦用於收納零散小物。

托特包＆手拿包 作法

材料

表布（Morley cloth）110cm寬50cm
裡布（密織平紋布）90cm寬50cm
接著襯（日本VILENE AM-F1）90cm寬50cm
拉鍊 19cm 1條
60號縫線

裁布圖 表布・裡布・接著襯　※縫份皆為1cm。
　　　　　　　　　　　　　　　※提把・拉繩尺寸不含縫份。

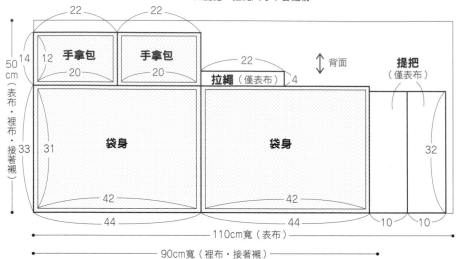

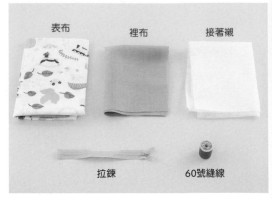

為使作法淺顯易懂，在此更換部分材料顏色進行步驟解說。

☐ ＝接著襯燙貼位置

---

1 在布料背面畫線　參照P.72「直裁布作的基礎知識」進行裁布。

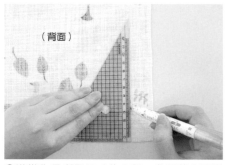

①準備作品所需尺寸的布料，參照裁布圖進行畫線。

②沿著裁切線剪下布片。

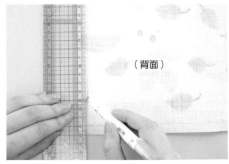

③參照裁布圖，在指定布片背面燙貼接著襯，並平行布邊畫上縫合線。

備齊全部的用布。

2 托特包作法

1 製作提把

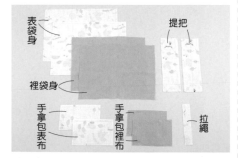

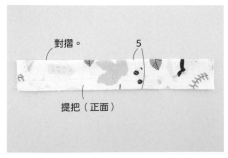

①對摺提把布。

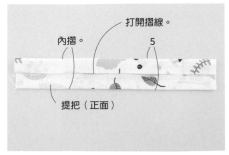

②打開摺線，上下布邊對齊摺線內摺。

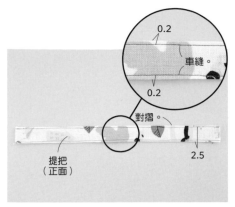

③再次沿著①的摺痕對摺後車縫固定。

2 製作表袋身

①兩片表袋身正面相對疊合，車縫兩側脇邊線＆底線。

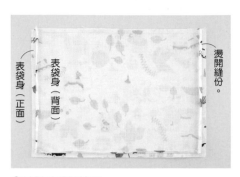

②以熨斗燙開縫份。

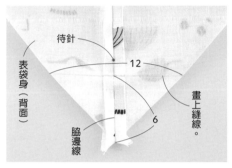

③對齊脇邊線＆底線的針腳，摺出袋底側幅，再以待針固定＆畫上縫線。

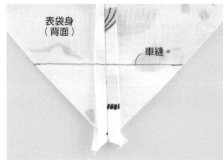

④車縫。

⑤以熨斗燙摺底角，倒向底線側。

3 製作裡袋身

①裡袋身正面相對疊合，預留返口，車縫兩側脇邊線＆底線。

②以熨斗燙開縫份。

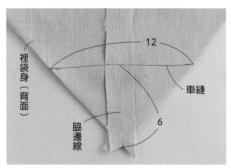

③依表袋身相同作法，對齊脇邊線＆底線的針腳，摺出袋底側幅並車縫固定。

④以熨斗燙摺底角，倒向底線側。

4 暫時固定提把

表袋身疊上提把，車縫固定。

5 縫合表裡袋身

①將翻回正面的表袋身放入背面朝外的裡袋身中。

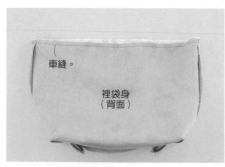

②車縫袋口。

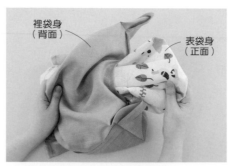

③自返口拉出表袋身，翻回正面。

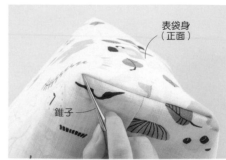

④以錐子整理出底角。

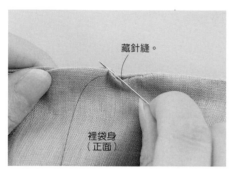

⑤縫合返口。

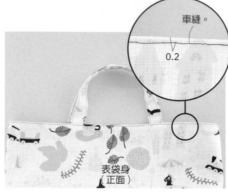

⑥車縫袋口。

完成！

完成尺寸
高25cm 長30cm 側身12cm

---

❸手拿包作法

1 手拿包表布縫上拉鍊

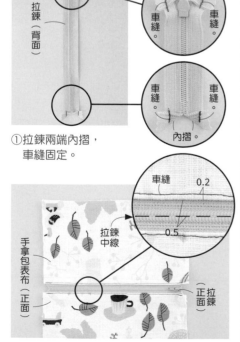

①拉鍊兩端內摺，
　車縫固定。

④另一側也以相同作法重疊＆車縫固定。

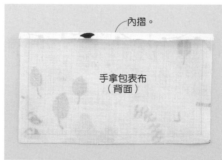

②內摺手拿包表布上側邊縫份。

2 製作拉繩

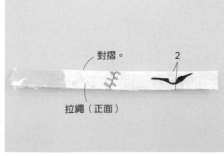

①對摺拉繩。

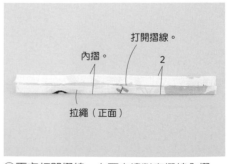

③手拿包表布疊上拉鍊，
　車縫固定。

②再次打開摺線，上下布邊對齊摺線內摺。

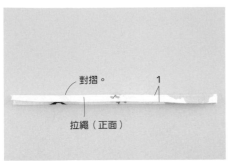

③再次沿著①的摺痕對摺。

④車縫。

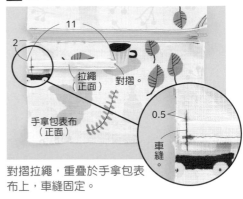

對摺拉繩,重疊於手拿包表布上,車縫固定。

4 車縫脇邊線 & 底線

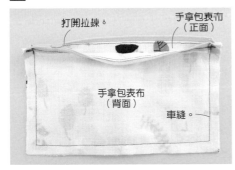

①打開拉鍊,手拿包表布正面相對疊合,車縫脇邊線 & 底線。

②以熨斗燙開縫份。

5 縫合手拿包裡布

①內摺手拿包裡布上側邊縫份。

②手拿包裡布正面相對疊合,車縫脇邊線 & 底線。

③以熨斗燙開縫份。

6 接縫表‧裡手拿包

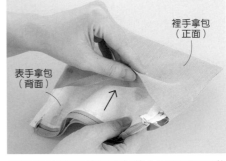

①將背面朝外的表手拿包放入已翻回正面的裡手拿包中。

完成!

②沿著拉鍊針腳旁,接縫裡手拿包。

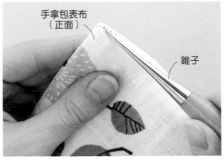

③翻回至手拿包表布面,以錐子整理出底角。

完成尺寸
高12cm 長20cm

3

束口後背包

北歐風小鳥圖案的休閒束口後背包。
外側的大口袋可放入小筆記本與筆，相當方便。

表布／COSMO TEXTILE（AY52406-1A）
製作／小澤のぶ子

作法 ✂----- P.10

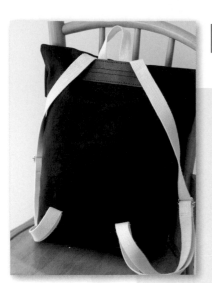

開口採用魔鬼氈，方便開關。

皮革＆背繩皆直接使用市售的後背包配件組，
輕鬆即可作出販售商品般的包款。

4

翻蓋後背包

翻蓋式袋口的休閒款後背包。
藍色布料搭配上原色背帶，
展現自然率性的運動風。

布料（素色）・後背包配件組／清原
製作／太田秀美

作法 ✂---- P.62

P.8 3

材料

表布（先染緹花布）85cm寬70cm
裡布（先染格子布）85cm寬50cm
圓繩 粗0.8cm 長350cm

裁布圖

※○中數字為縫份。除了特別指定的縫份之外，其餘皆為1cm。
※吊耳＆提環尺寸已含縫份。

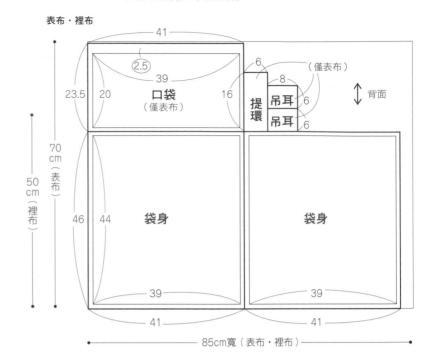

表布・裡布

41
(2.5)
39
23.5　20　　口袋（僅表布）　　16　　提環　吊耳　　（僅表布）
6　　8　　6
背面
70cm（表布）
50cm（裡布）
46　44　　袋身　　　　　　　袋身
6
39　　　　　　　　39
41　　　　　　　　41
85cm寬（表布・裡布）

作法

1 製作＆接縫口袋

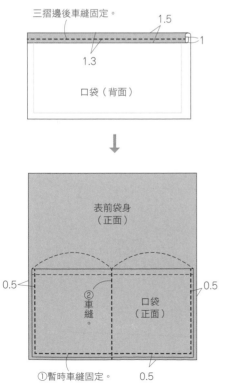

三摺邊後車縫固定。
1.5
1
1.3

口袋（背面）

表前袋身（正面）

0.5　　　　　　　　0.5
②車縫。　口袋（正面）
①暫時車縫固定。　0.5

2 製作吊耳

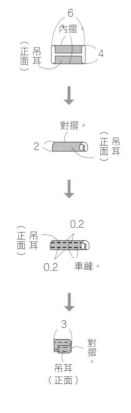

6
內摺
（正面）吊耳　4

對摺。
2　（正面）吊耳

0.2
（正面）吊耳
0.2　車縫。

3
對摺。
吊耳（正面）

3 製作提環

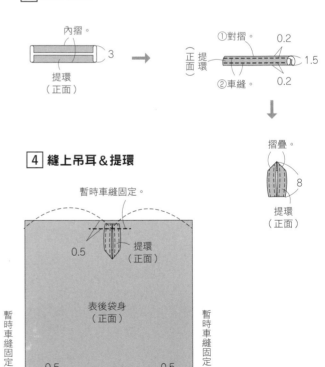

內摺。
提環（正面）　3

①對摺。　0.2
（正面）提環　1.5
②車縫。　0.2

摺疊。
8
提環（正面）

4 縫上吊耳＆提環

暫時車縫固定。
0.5　提環（正面）

暫時車縫固定　　表後袋身（正面）　　暫時車縫固定
0.5　　　　　　　　0.5
2.5　　　　　　　　2.5
吊耳（正面）　　　吊耳（正面）

5 車縫脇邊線＆底線

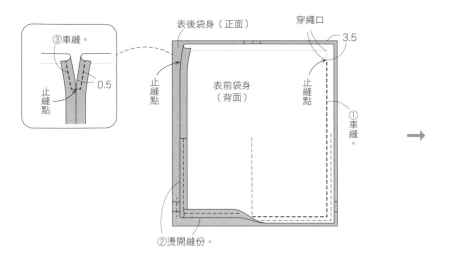

③車縫。

0.5

止縫點

表後袋身（正面）

穿繩口

3.5

止縫點

①車縫。

止縫點

表前袋身（背面）

②燙開縫份。

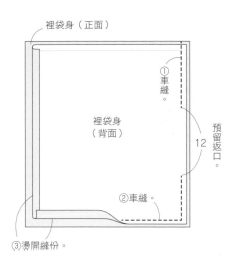

裡袋身（正面）

①車縫。

預留返口。

12

裡袋身（背面）

②車縫。

③燙開縫份。

6 車縫袋口

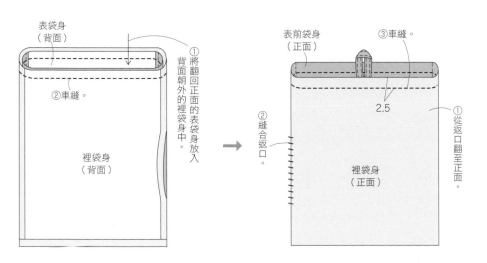

表袋身（背面）

①將翻回正面的表袋身放入背面朝外的裡袋身中。

②車縫。

裡袋身（背面）

表前袋身（正面）

③車縫。

2.5

②縫合返口。

①從返口翻至正面。

裡袋身（正面）

7 穿入圓繩

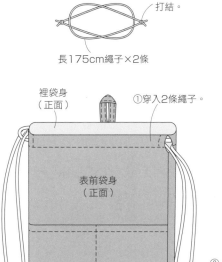

穿繩方法

打結。

長175cm繩子×2條

裡袋身（正面）

①穿入2條繩子。

表前袋身（正面）

③打結。

②將繩子穿過吊耳。

8 完成！

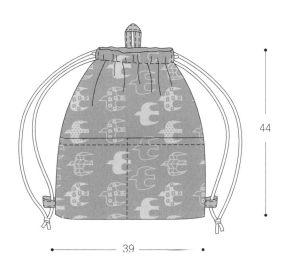

44

39

藏針縫

主要用於縫合返口。

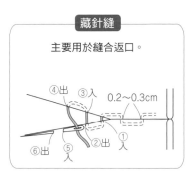

④出　③入　0.2～0.3cm

②出　①入

⑥出　⑤入

5

橫式斜背包

選用復古風小花圖案，袋型可愛的斜背包。因為表裡布之間夾有鋪棉，蓬軟的觸感極為討喜。提把使用市售皮革配件。

磁釦・D型環・提把／INAZUMA
製作／小澤のぶ子

作法 ✂---- P.14

直式斜背包

背帶直接穿過左右兩側的吊耳打結固定，簡單即可配合身高調整長度。也可隨意更換背帶的顏色與款式，享受自由搭配的樂趣。

製作／小澤のぶ子

作法 ✂---- P.64

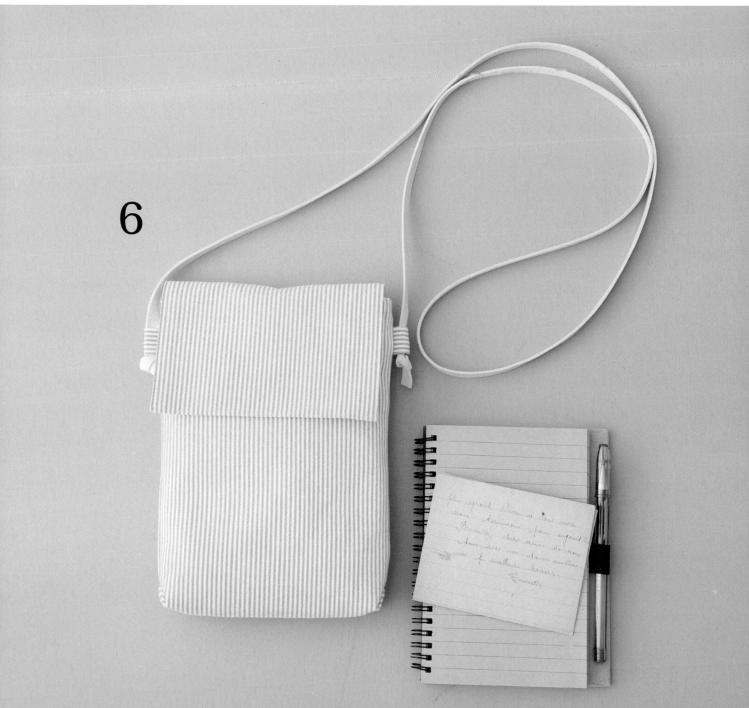

6

P.12 5

材料

表布（棉麻布）50cm寬30cm
裡布（先染直紋布）25cm寬30cm
單膠鋪棉 50cm寬30cm
D型環（AK-6-14#AG古典金）內徑1cm 2個
磁釦（AK-25-10#AG古典金）直徑1cm 1組
提把（YAS-1013#4駝色）1條

裁布圖　※縫份皆為1cm。
　　　　※吊耳尺寸已含縫份。

表布・單膠鋪棉

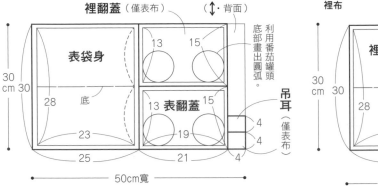

裡布

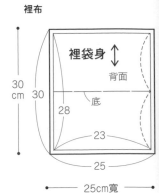

　　　=單膠鋪棉

作法

──── 開始縫製前 ────
在畫上縫線（完成線）前，
表袋身・表翻蓋需先燙貼單膠鋪棉。

1 車縫脇邊線

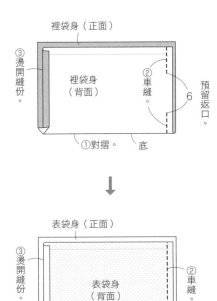

2 車縫側幅

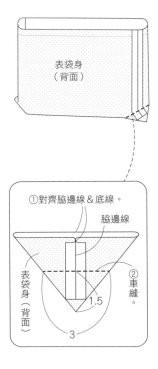

※裡袋身作法亦同。

3 製作吊耳

14

4 製作翻蓋

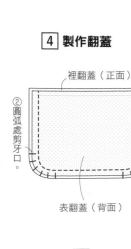

裡翻蓋（正面）

②圓弧處剪牙口。

①車縫。

表翻蓋（背面）

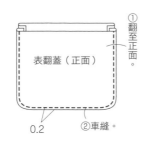

①翻至正面。

表翻蓋（正面）

0.2

②車縫。

5 接縫翻蓋＆吊耳

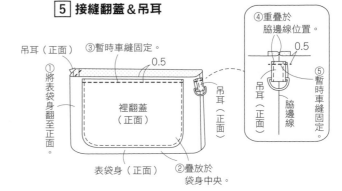

吊耳（正面）

③暫時車縫固定。

①將表袋身翻至正面。

0.5

裡翻蓋（正面）

吊耳（正面）

表袋身（正面）

②疊放於袋身中央。

④重疊於脇邊線位置。

0.5

吊耳（正面）

脇邊線

⑤暫時車縫固定

6 車縫袋口

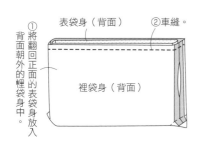

①將翻回正面的裡袋身放入背面朝外的表袋身中。

表袋身（背面）

②車縫。

裡袋身（背面）

②縫合返口。

表翻蓋（正面）

0.2

③車縫。

①自返口翻至正面。

裡袋身（正面）

7 縫上磁釦

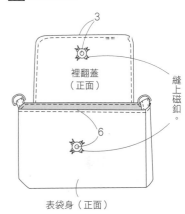

3

裡翻蓋（正面）

縫上磁釦。

6

表袋身（正面）

接著襯的貼法

裁至與指定布片相同大小，或略小0.1至0.2cm。

接著襯

布（背面）

接著襯

接著面（粗糙且反光）

墊布

接著襯

布（背面）

避免滑動熨斗，以每次重疊1／2的間距，移動燙壓接著襯。

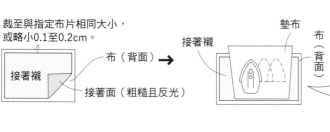

未接著的部分

①使接著襯的接著面（黏膠面，觸感粗糙，照光時會產生反光的面）與布片背面相對疊合。

②以熨斗乾壓熨燙。斗溫度約140℃，請務必墊一塊布或紙再進行燙壓。

8 完成！

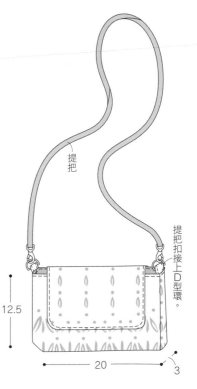

提把

提把扣接上D型環。

12.5

20

3

單膠鋪棉的貼法

基本與接著襯相同。但必須先將接著面（有黏膠，觸感粗糙且反光面）朝上放置，再疊上布片（背面朝下）。請避免過度加壓，以免將鋪棉壓扁。

單膠鋪棉

布（正面）

接著面

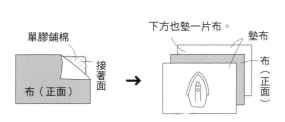

下方也墊一片布。

墊布

布（背面）

布（正面）

當縫份過厚導致不易燙開、側倒縫份時，請沿著車縫線剪去縫份處的鋪棉。

表袋身（正面）

①車縫。

②沿著縫線撕開鋪棉後剪下

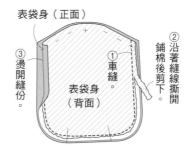

③燙開縫份

表袋身（背面）

手腕包

平攤時呈凹字型的包款。除了像一般包包同時手提兩側提把之外，還可以將其中一邊的提把穿過另一側變成單提把造型，請自由享受2WAY的變化樂趣吧！

布料（素色）／COSMO TEXTILE（AD22000-212）
製作／千葉美枝子

作法 ✂---- P.66

7

牛奶糖波士頓包

形似牛奶糖包裝般的波士頓包。
作法簡單,只需將長方形布料對
摺縫合即可。側面的條紋變化,
也是設計的一部分。

製作／太田秀美

作法 ✂---- P.18

8

P.17 8

材料

表布（先染條紋布）105cm寬60cm
裡布（牛津布）105cm寬45cm
接著襯 105cm寬45cm
拉鍊 49cm 1條
織帶 2.5cm寬205cm

▨ =接著襯

裁布圖 ※○中數字為縫份尺寸。除了特別指定的縫份之外，其餘皆為1cm。

表布・裡布・接著襯

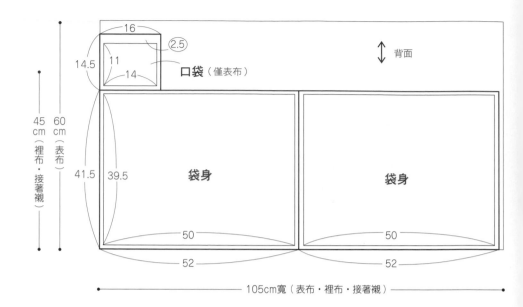

作法

開始縫製前

在畫上縫線（完成線）前，
表袋身須先燙貼接著襯。

1 製作＆接縫口袋

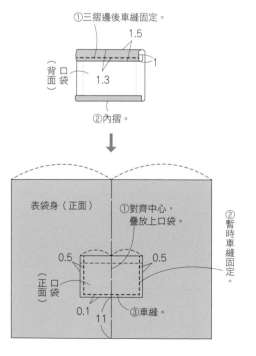

2 接縫拉鍊

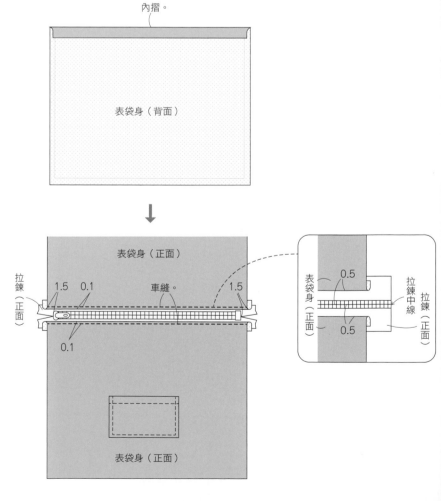

18

3 縫上提把

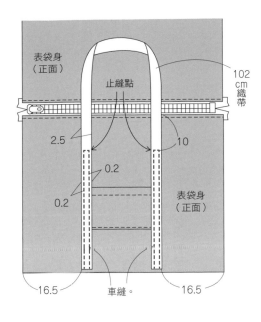

表袋身（正面）

止縫點

102 cm 織帶

2.5

10

0.2

0.2

表袋身（正面）

16.5　車縫。　16.5

※另一側的提把作法亦同。

4 車縫底線

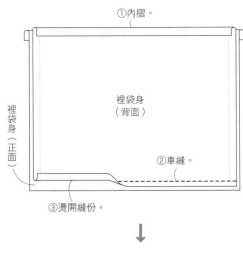

①內摺。

裡袋身（背面）

裡袋身（正面）

②車縫。

③燙開縫份。

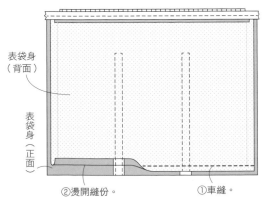

表袋身（背面）

表袋身（正面）

②燙開縫份。　①車縫。

5 摺疊側幅＆車縫脇邊線

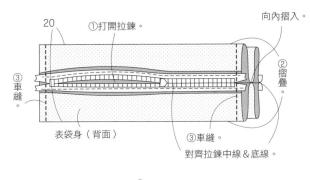

20

①打開拉鍊。

向內摺入。

③車縫。

②摺疊。

表袋身（背面）

③車縫。

對齊拉鍊中線＆底線。

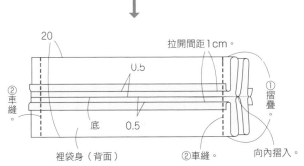

20

拉開間距1cm。

0.5

②車縫。

底　0.5

①摺疊。

裡袋身（背面）

②車縫。

向內摺入。

6 縫合表・裡袋身

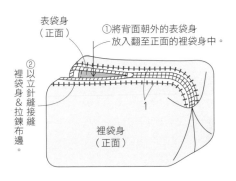

表袋身（正面）

①將背面朝外的表袋身放入翻至正面的裡袋身中。

②以立針縫接縫裡袋身＆拉鍊布邊。

1

裡袋身（正面）

立針縫

0.2～0.4 cm

②入

③

②出

①出

0.1～0.2 cm

7 完成！

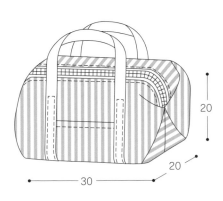

20

30　20

日式束口包

在袋口加入設計感的束口肩背包。
選用皮繩作為提把，時尚感瞬間UP UP！

製作／加藤容子

作法 ✂---- P.70

9

上拉繩子後，左右兩側向上翹起
的包角正是特色所在。從表布的
色彩中挑選一種顏色作為裡布色
調，成品質感將更加精緻。

超大容量雙面兩用包

超大容量的雙面兩用包，一面
為印花布，另一面則是單寧
布。將袋口兩側的細繩打一個
蝴蝶結，即可稍微收合袋口。

製作／千葉美枝子

作法 ✂---- P.22

10

丹寧布面。

P.21 10

材料

表布（棉麻布）85cm寬85cm
配布（單寧布）100cm寬105cm
皮繩（合成皮革）0.5cm寬70cm

作法

※縫份皆為1cm。
※提把尺寸已含縫份。

表布・配布

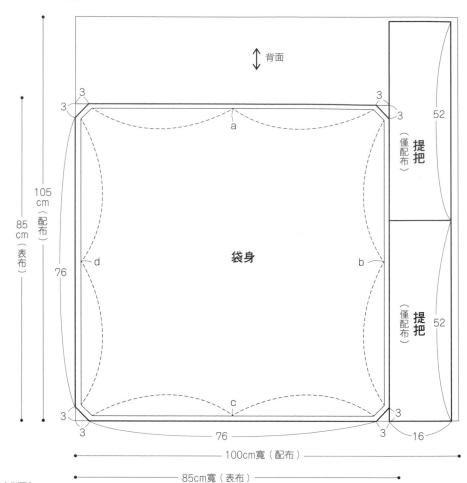

背面

袋身

3
3
3
3
52

（僅配布）提把

（僅配布）提把
52

3
3
3
3

76

d
b

a

c

105 cm（配布）
85 cm（表布）
76
3
76
3
16

100cm寬（配布）
85cm寬（表布）

1 縫製袋身

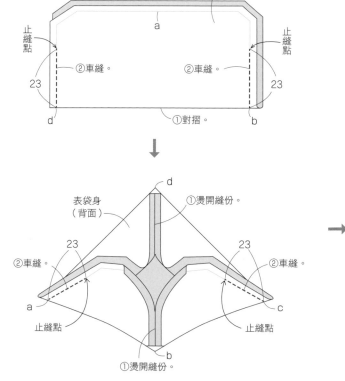

表袋身（背面）

a

止縫點
②車縫。
②車縫。
止縫點

23
23

d
①對摺。
b

表袋身（背面）

d
①燙開縫份。

②車縫。
23
23
②車縫。

a
c

止縫點
止縫點

①燙開縫份。
b

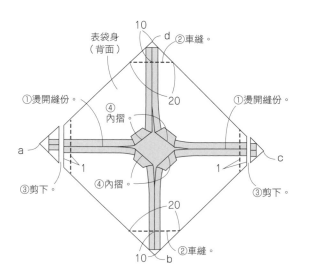

表袋身（背面）

10
d ②車縫。

①燙開縫份。
④內摺
20
①燙開縫份。

a
1
1
c

③剪下。
④內摺。
③剪下。

20
②車縫。
10 b

※裡袋身作法亦同。

2 製作提把

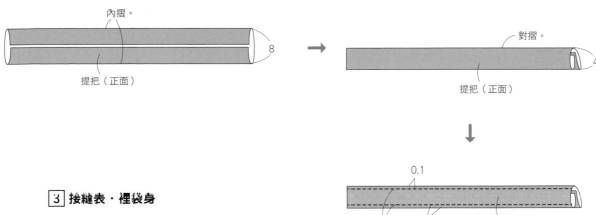

內摺。

提把（正面）

8

對摺。

提把（正面）

4

0.1

車縫。 0.1 提把（正面）

3 接縫表・裡袋身

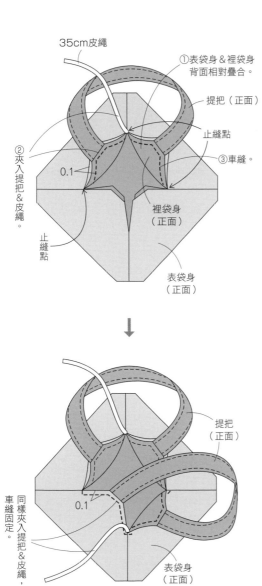

35cm皮繩

①表袋身&裡袋身
背面相對疊合。

提把（正面）

止縫點

③車縫。

②夾入提把&皮繩。

0.1

裡袋身
（正面）

止縫點

表袋身
（正面）

同樣夾入提把&皮繩，
車縫固定。

0.1

提把
（正面）

表袋身
（正面）

4 完成！

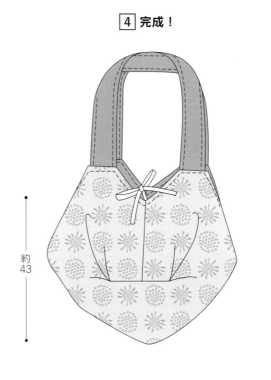

約43

扁平包

作品11扁平包可完全收納A4文件，非常適合作為補習包或環保袋使用。作品12則是B5尺寸的2WAY包，可綁上肩繩當作肩包使用。

製作／加藤容子

12

11

作法 ✄---- 11 P.68

12 P.69

13

祖母包

特意縫入打褶，製造出立體感的可愛格紋祖
母包。搭配黑色素色口布，低調地突顯出吸
睛焦點。

磁扣／INAZUMA
製作／加藤容子

作法 ✂----- P.26

P.25 13

※縫份皆為1cm。
※提把尺寸已含縫份。

材料

表布（先染格子布）90cm寬40cm
裡布（牛津布）85cm寬40cm
接著襯 85cm寬40cm
磁釦（AK-25-14 # S 銀色）直徑1.5cm 1組

▨ =接著襯

作法

開始縫製前
畫上縫線（完成線）之前，
表袋身＆口布須先燙貼接著襯。

1 打褶

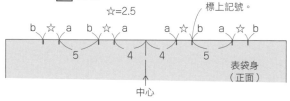

※裡袋身作法亦同。

2 接縫口布＆袋身

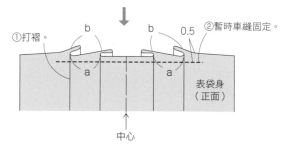

※以相同作法接縫裡袋身＆裡口布。

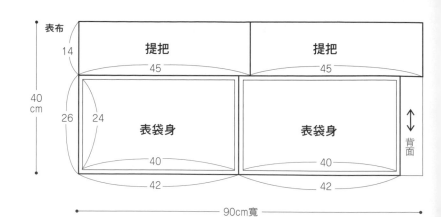

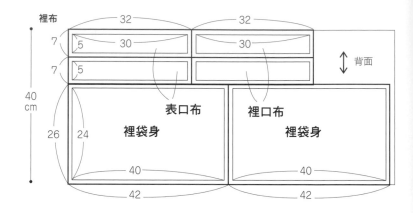

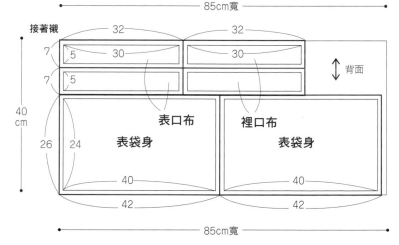

3 車縫表袋身脇邊線＆底線

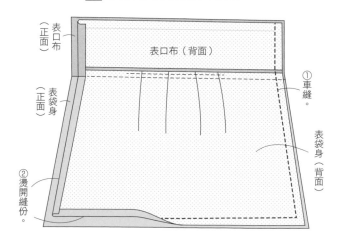

4 車縫裡袋身脇邊線＆底線

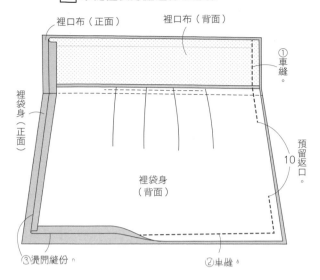

裡口布（正面）
裡口布（背面）
①車縫。
裡袋身（正面）
裡袋身（背面）
預留返口。
10
③燙開縫份。
②車縫。

6 車縫袋口

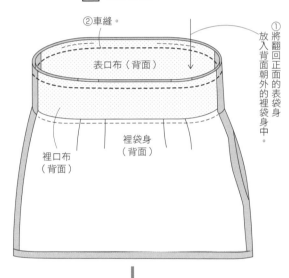

②車縫。
表口布（背面）
①將翻回正面的表袋身放入背面朝外的裡袋身中。
裡口布（背面）
裡袋身（背面）

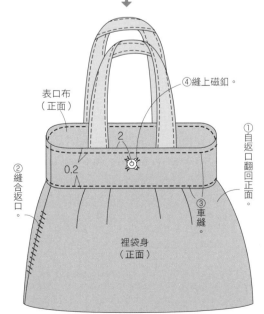

表口布（正面）
④縫上磁釦。
0.2
2
①自返口翻回正面。
②縫合返口。
③車縫。
裡袋身（正面）

5 製作＆接縫提把

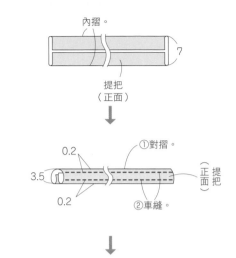

內摺。
7
提把（正面）

①對摺。
0.2
3.5
0.2
（正面）提把
②車縫。

6.5
0.5
提把（正面）
暫時車縫固定。
脇邊
6.5
6.5
0.5
脇邊
6.5
表口布（正面）
表袋身（背面）
提把（正面）

7 完成！

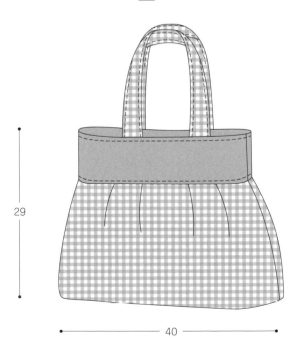

29
40

束口袋

以柔軟紗布製成的束口袋,共
有三種尺寸。是旅行時分裝小
物的好夥伴。

製作／太田秀美

作法 ✂---- 14 P.71
　　　　　　15·16 P.65

14

15

16

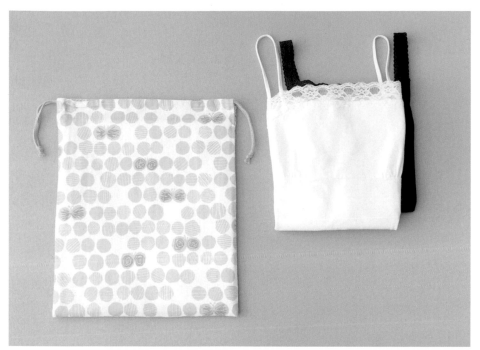

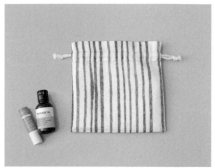

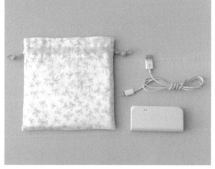

布製束口袋，方便收納內衣等
不想讓人看到的私密小物。

小束口袋最適合收納保養品或行動電
源＆傳輸線等易顯雜亂的小物。

善用束口袋，
讓無隔層的大包內也能乾淨整齊！

17

生理包

只要下摺袋口，再將繩圈固定於鈕釦上，就是個超方便的生理包。尺寸大小剛好能放入衛生棉。

製作／小澤のぶ子

作法 ✂---- P.63

支架口金包

加入支架口金製成的大波奇包，可
收納瓶身較高的化妝品。因為有提
把，當作迷你手提包使用也OK。

支架口金／INAZUMA
製作／千葉美枝子

作法 ✂---- P.32

啪——地打開，
大包口拿取物品超便利！

18

P.31 18

材料

表布（印花綿布）85cm寬35cm
裡布（密織平紋布）70cm寬25cm
接著襯 70cm寬25cm
拉鍊（FLATKNIT拉鍊）40cm 1條
支架口金（BK-1862）1組

▨ =接著襯

作法

― 開始縫製前 ―
畫上縫線（完成線）之前，
表袋身須先燙貼接著襯。

1 車縫脇邊線&底線

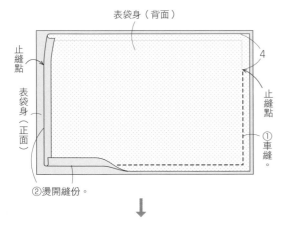

②燙開縫份。

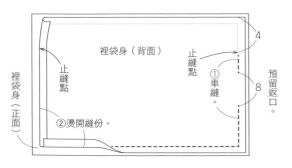

②燙開縫份。

裁布圖　※縫份皆為1cm。
※提把&拉鍊裝飾布尺寸已含縫份。

表布・裡布・接著襯

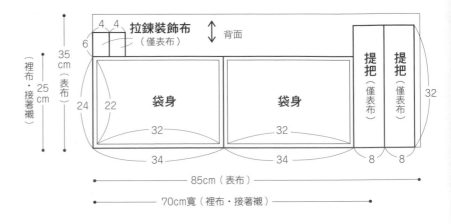

2 車縫側開口

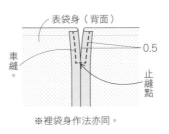

※裡袋身作法亦同。

3 車縫側幅

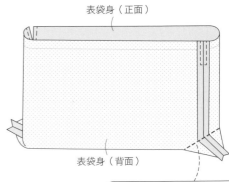

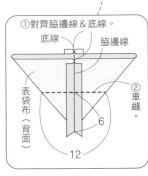

①對齊脇邊線&底線。
②車縫。

※裡袋身作法亦同。

4 車縫袋口

①將翻回正面的表袋身放入背面朝外的裡袋身中。

②車縫。

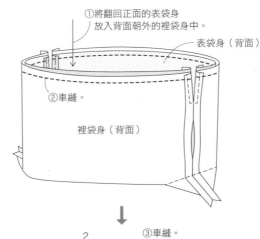

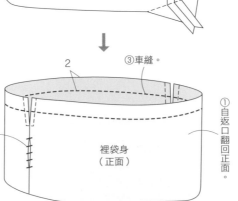

①自返口翻回正面。
②燙開縫份。
③車縫。

32

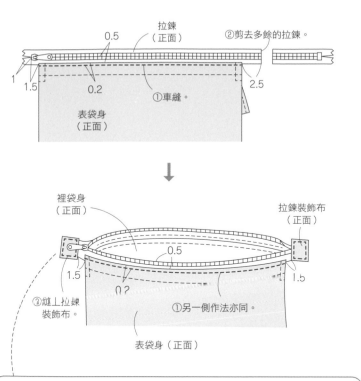

0.5
拉鍊
（正面）
②剪去多餘的拉鍊。
1
1.5
0.2
①車縫。
2.5
表袋身
（正面）

裡袋身
（正面）
拉鍊裝飾布
（正面）
0.5
1.5
0.2
1.5
③縫上拉鍊
裝飾布。
①另一側作法亦同。
表袋身（正面）

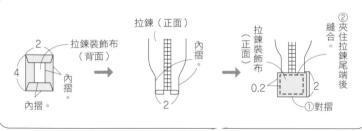

2
拉鍊裝飾布
（背面）
4
內摺。
內摺。
內摺。
拉鍊（正面）
內摺。
2
②夾住拉鍊尾端後
縫合。
拉鍊裝飾布
（正面）
0.2
2
①對摺
2

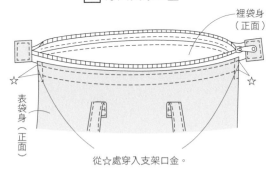

裡袋身
（正面）
☆
☆
表袋身
（正面）
從☆處穿入支架口金。

支架口金尺寸

約18
支架口金
約6

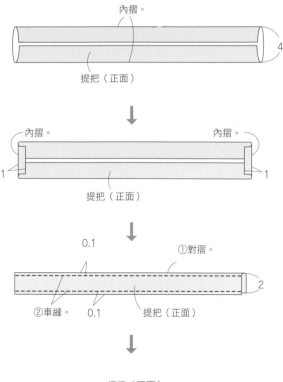

內摺。
提把（正面）
4

內摺。
內摺。
1
1
提把（正面）

0.1
①對摺。
②車縫。
0.1
提把（正面）
2

提把（正面）
裡袋身
（正面）
表袋身
（正面）
1
6
0.2
4.5
4.5
車縫。
中心

※另一側縫法亦同。

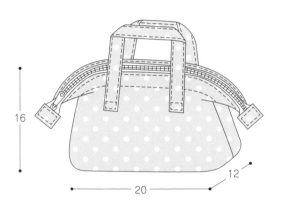

16
20
12

19

20

Polka & Fake Dried／SANSEI

面紙包

天然麻布的面紙包,以蝴蝶結＆蕾絲點綴出少女心。
只需少許布料便能輕鬆製成,所以也很適合作為小禮物。

製作／千葉美枝子

作法 ✂---- P.36

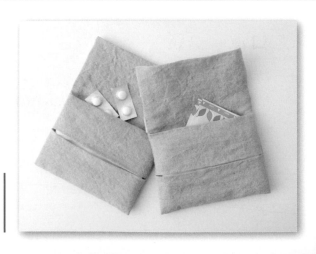

也有方便攜帶
OK繃或隨身藥物
的小口袋。

21

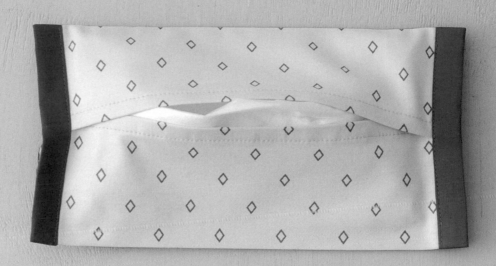

22

口罩收納袋

作品21的口罩收納袋可裝入4至5片口罩，使用方式與面紙包相同，一次抽取一片。作品22的口罩收納袋則是方便用餐等暫時取下口罩時的收納袋。

製作／酒井三菜子

作法 ✂---- 21 P.36
　　　　　　22 P.37

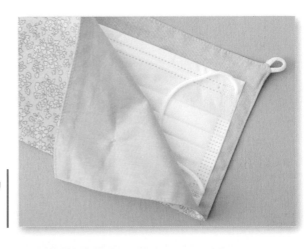

以繩圈×鈕釦的
簡單開合方式，
方便取放口罩。

P.35 21

材料

表布（印花綿布）25cm寬30cm
配布（平織布）10cm寬15cm
接著襯 25cm寬30cm

作法

開始縫製前
畫上縫線（完成線）之前，
主體須先燙貼接著襯。

裁布圖

※○中的數字為縫份尺寸。
　除了特別指定的縫份之外，
　其餘皆為1cm。

▨ =接著襯

表布‧接著襯

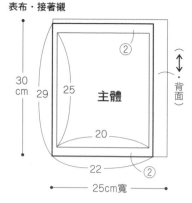

30cm / 29 / 25 / 主體 / 20 / 22 / ② / （↕‧背面） / 25cm寬

配布

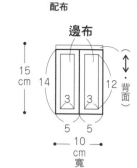

邊布 / 15cm / 14 / 3 3 / 12 / 5 5 / 10cm寬 / （↕‧背面）

2 縫上邊布

1.5 / 邊布（正面） / 摺疊。

①打開邊布的摺線。 / 主體（正面） / 1 / ②車縫。 / 邊布（背面）

邊布（背面） / ①以縫線的位置為基準，摺疊邊布。 / ②內摺。 / 主體（正面）

1 製作主體

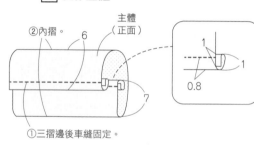

②內摺。 / 6 / 主體（正面） / 7 / ①三摺邊後車縫固定。 / 1 / 1 / 0.8

③藏針縫。 / ②車縫。 / ④以相同作法縫上另一側邊布。 / 邊布（正面） / ①對摺。 / 1.5 / 0.1 / 主體（正面） / 邊布（正面） / ③藏針縫。

3 完成！

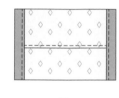

12 / 23

P.34 19‧20

19
20

材料（1個）

表布（亞麻布）60cm寬15cm
20 配布（印花棉布）30cm寬20cm
19 蕾絲 1.5cm寬15cm

裁布圖

※○中的數字為縫份尺寸。除了特別指定的縫份之外，其餘皆為1cm。
※蝴蝶結B的尺寸已含縫份。

表布

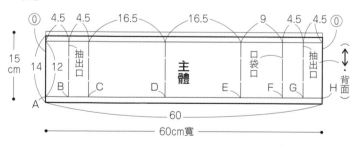

⓪ 4.5 4.5 16.5 16.5 9 4.5 4.5 ⓪ / 15cm / 14 12 / 抽出口 / 口袋口 / 抽出口 / 主體 / （↕‧背面） / A B C D E F G H / 60 / 60cm寬

配布（僅20）

（↕‧背面）

20cm / 16 / 14 / 蝴蝶結A / 蝴蝶結B / 20 / 22 / 7 / 9 / 30cm寬

作法

1 製作蝴蝶結（僅20）

16 / 蝴蝶結A（背面） / ①對摺。 / 11 / ②車縫。

①翻回正面。 / 蝴蝶結A（正面） / 16 / 0.5 / ②打褶。 / ③暫時車縫固定。

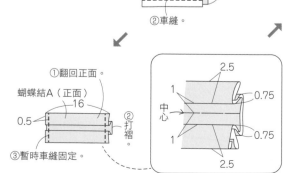

2.5 / 1 / 0.75 / 中心 / 0.75 / 1 / 2.5

P.35 22

材料

表布（印花棉布）25cm寬30cm
裡布（密織平紋布）25cm寬30cm
接著襯 25cm寬30cm
圓繩 粗0.3cm 5cm
鈕釦 直徑1.5cm 1個

▨ =接著襯

裁布圖

※縫份皆為1cm。

表布・裡布・接著襯

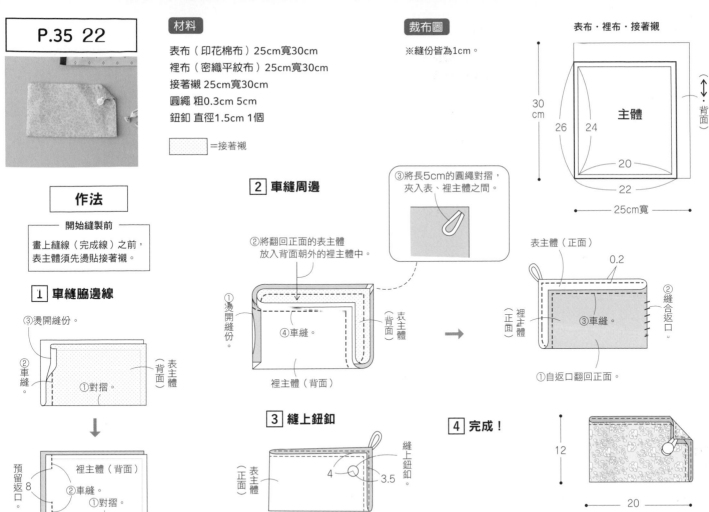

作法

開始縫製前
畫上縫線（完成線）之前，
表主體須先燙貼接著襯。

1 車縫脇邊線

2 車縫周邊

3 縫上鈕釦

4 完成！

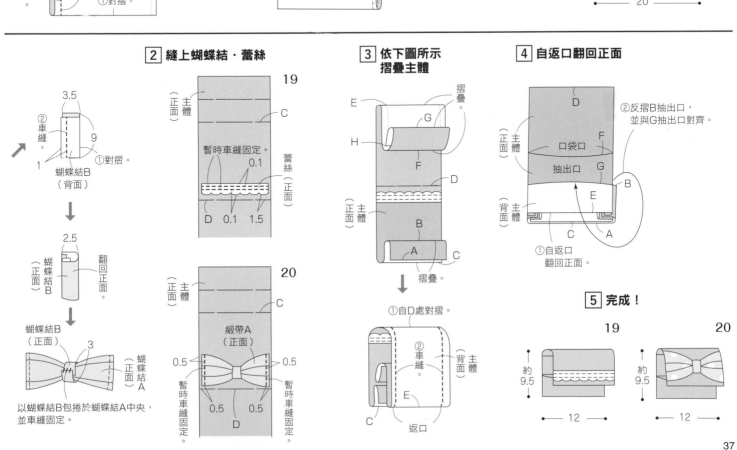

2 縫上蝴蝶結・蕾絲

3 依下圖所示摺疊主體

4 自返口翻回正面

5 完成！

以蝴蝶結B包捲於蝴蝶結A中央，並車縫固定。

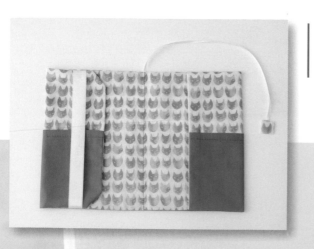

使用方法簡單方便，
可配合書背厚度
進行調整的設計。

23

書衣

貓咪印花的可愛書衣，綠色無花紋的部分
是收納口袋。事先將便利貼＆筆放在小口
袋中，就能隨手標註筆記囉！

製作／加藤容子

作法 ✂----P.40

三角筆袋

色彩鮮艷的三角筆袋，一端扁平
一端作出高度，是為了方便取出
文具的立體設計。

製作／福田美穗

作法 ✂···· P.41

25

24

內裡使用POP藝術印花布，
打開的每一瞬間都是驚喜！

P.38 23

材料

表布（印花棉布）80cm寬20cm
配布（密織平紋布）40cm寬15cm
接著襯 40cm寬20cm
緞帶A（沙丁緞帶）0.3cm寬25cm
緞帶B（沙丁緞帶）1.5cm寬20cm

作法

── 開始縫製前 ──
畫上縫線（完成線）之前，
表主體須先燙貼接著襯。

1 縫製口袋布

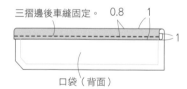

三摺邊後車縫固定。　0.8　1
口袋（背面）

2 製作書籤繩布拉片

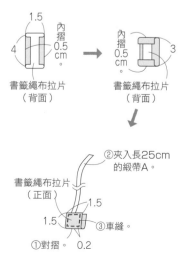

1.5
內摺0.5cm。
4
書籤繩布拉片（背面）
→
內摺0.5cm。
3
書籤繩布拉片（背面）
↓
②夾入長25cm的緞帶A。
書籤繩布拉片（正面）
1.5　1.5
③車縫。
①對摺。　0.2

裁布圖
※○中的數字為縫份尺寸。除了特別指定的縫份之外，其餘皆為1cm。
※書籤繩布拉片尺寸已含縫份。

表布・接著襯

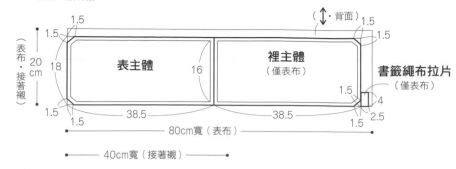

（↕・背面）
1.5
1.5
1.5
1.5
（表布・接著襯）
20cm
18
表主體
16
裡主體（僅表布）
書籤繩布拉片（僅表布）
1.5
4
1.5
1.5
38.5
38.5
2.5
80cm寬（表布）
40cm寬（接著襯）

配布

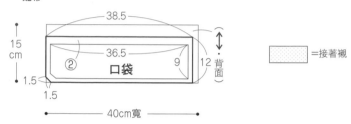

38.5
15cm
36.5
②
口袋
9
（↕・背面）
12
1.5
1.5
40cm寬

▨ =接著襯

---

3 縫上口袋＆緞帶A

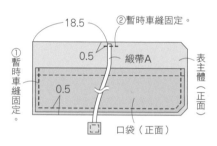

18.5
②暫時車縫固定。
0.5
緞帶A
①暫時車縫固定。
0.5
表主體（正面）
口袋（正面）

4 縫上緞帶B

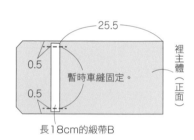

25.5
0.5
0.5
暫時車縫固定。
裡主體（正面）
長18cm的緞帶B

5 車縫周邊

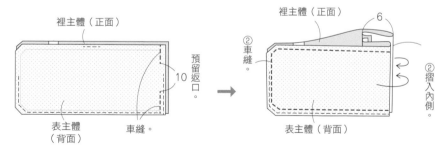

裡主體（正面）
預留返口
10
表主體（背面）
車縫。
→
裡主體（正面）
6
②車縫。
②摺入內側。
表主體（背面）

↓

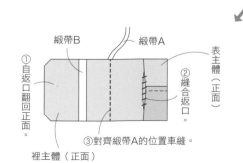

緞帶B
緞帶A
表主體（正面）
①自返口翻回正面。
②縫合返口。
③對齊緞帶A的位置車縫。
裡主體（正面）

6 完成！

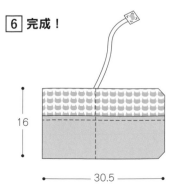

16
30.5

材料（1個）

24 表布（棉麻布）25cm寬20cm
25 表布（牛津布）25cm寬20cm
裡布（印花綿布）25cm寬20cm
接著襯 25cm寬20cm
拉鍊 18cm 1條

▨ =接著襯

裁布圖

※縫份皆為1cm。

表布・裡布・接著襯

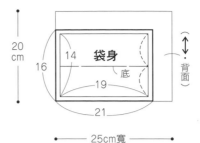

袋身
底
背面
14
16
19
21
20cm
25cm寬

作法

開始縫製前

畫上縫線（完成線）之前，
表袋身須先燙貼接著襯。

1 縫製拉鍊

①內摺上端拉鍊布邊。

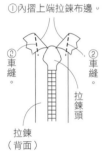

②車縫。
②車縫。
拉鍊頭
拉鍊（背面）

2 接縫拉鍊

①拉鍊打開
1
0.5

②車縫。

表袋身（背面）　裡袋身（正面）
拉鍊（正面）

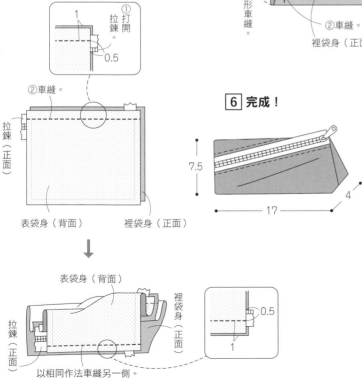

表袋身（背面）
裡袋身（正面）
拉鍊（正面）
0.5
1

以相同作法車縫另一側。

---

3 翻回正面&進行整理

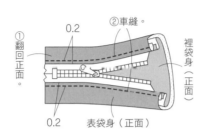

①翻回正面。
②車縫。
0.2
0.2
裡袋身（正面）
表袋身（正面）

4 車縫兩端

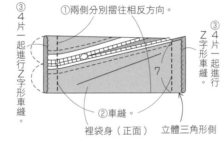

①兩側分別摺往相反方向。
③4片一起進行Z字形車縫。
③4片一起進行Z字形車縫。
②車縫。
7
裡袋身（正面）
立體三角形側

6 完成！

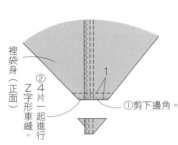

7.5
17
4

---

5 車縫側身

①使側身縫份倒向一側。

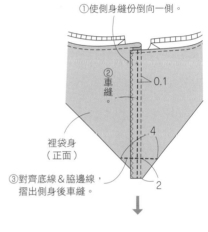

②車縫。
0.1
4
2
裡袋身（正面）

③對齊底線&脇邊線，摺出側身後車縫。

②4片一起進行Z字形車縫。
裡袋身（正面）
1
4
①剪下邊角。

挑選拉鍊的方法

拉鍊須配合目標作品來挑選種類與長度。若無正好符合的長度，建議選擇較長的尺寸。乙烯材質的鍊齒（FLATKNIT）可在適合的長度位置以縫紉機車縫固定下止點，若為塑料或金屬拉鍊，可請店家幫忙調整長度。

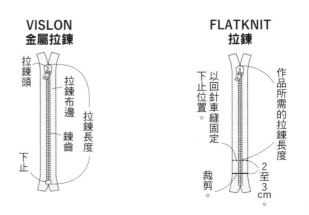

VISLON 金屬拉鍊

拉鍊頭
拉鍊布邊
鍊齒
拉鍊長度
下止

FLATKNIT 拉鍊

下止位置
以回針車縫固定
作品所需的拉鍊長度
裁剪
2至3cm

零錢包 & 存摺收納包

作品26使用11號帆布,以家庭縫紉機車縫製作
而成。作品27為花朵圖案的存摺收納包,鮮豔
的黃色似乎能招來財運呢!

26

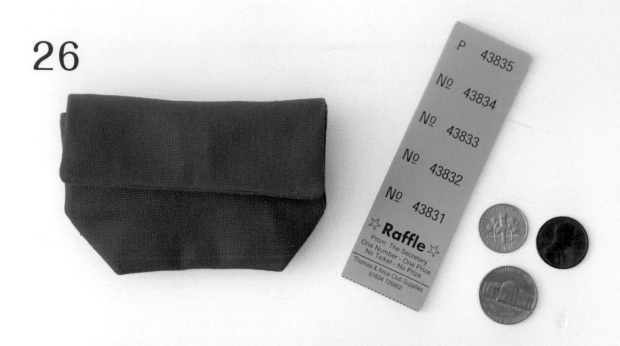

27

特別設計的開口，
一打開翻蓋就會
嘣——地彈起。

磁釦／INAZUMA
製作／酒井三菜子

作法 ✂---- P.44

內側口袋可放入存摺，
前側口袋則能收納卡片。

製作／小澤のぶ子

作法 ✂---- P.45

P.42 26

P.42 26

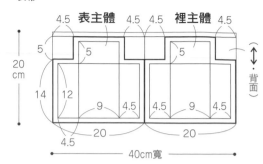

裁布圖　※縫份皆為1cm。

表布

4.5　**表主體**　4.5　4.5　**裡主體**　4.5

5　　　5　　　　　5

20
cm

14　12　　　　　（背面）

9　4.5　　4.5　9　4.5

4.5

20　　　　20

40cm寬

材料

表布（11號帆布）40cm寬20cm
磁釦（AK-25-10 #S 銀色）直徑1cm 1組

作法

1 縫製主體

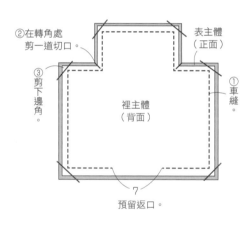

②在轉角處
剪一道切口。

表主體
（正面）

③剪下
邊角。

①車縫。

裡主體
（背面）

7

預留返口。

↓

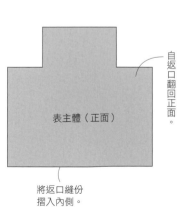

表主體（正面）

自返口翻回正面。

將返口縫份
摺入內側。

2 車縫側身

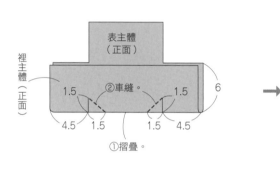

表主體
（正面）

裡主體
（正面）

②車縫。

1.5　　　　1.5　　6

4.5　1.5　1.5　4.5

①摺疊。

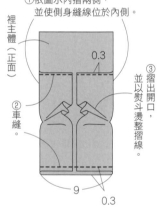

①依圖示內摺兩側，
並使側身縫線位於內側。

裡主體
（正面）

0.3

②車縫。

③摺出開口，
並以熨斗燙整摺線。

9

0.3

3 縫上磁釦

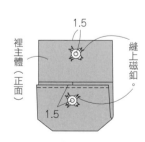

1.5

裡主體
（正面）

縫上
磁釦。

1.5

4 完成！

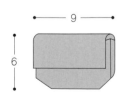

9

6

材料

表布（印花棉布）20cm寬55cm
配布（平織布）20cm寬20cm
單膠鋪棉 20cm寬55cm

▨ =單膠鋪棉

作法

開始縫製前

畫上縫線（完成線）之前，
主體須先燙貼單膠鋪棉。

1 摺疊主體

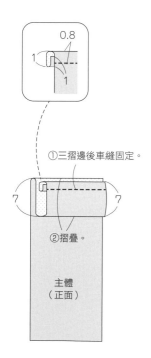

0.8
1
1

①三摺邊後車縫固定。

7   7

②摺疊。

主體
（正面）

裁布圖   ※○中數字為縫份尺寸。除了特別指定的縫份之外，其餘皆為1cm。

表布・單膠鋪棉

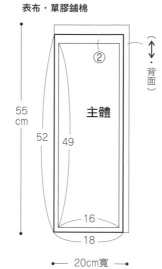

②
背面
55cm
主體
52
49
16
18
20cm寬

配布

內口袋

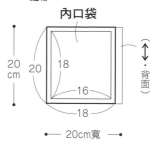

20cm   20   18
16
18
20cm寬
背面

2 接縫主體&內口袋

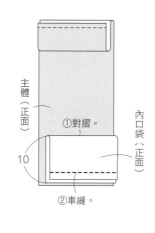

主體（正面）
①對摺。
內口袋（正面）
10
②車縫。

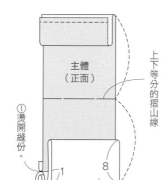

主體
（正面）
上下等分的摺山線
①燙開縫份。
1   8
②在距離接縫處1cm
的位置進行摺疊。
內口袋
（正面）

3 車縫脇邊線

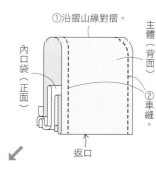

①沿摺山線對摺。
主體（背面）
內口袋（正面）
②車縫。
返口

①自返口翻回正面。
主體
（正面）
內口袋（正面）
②將主體口袋
翻蓋於內口袋上。

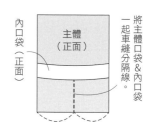

內口袋（正面）
主體
（正面）
將主體口袋&內口袋
一起車縫分隔線。

4 完成！

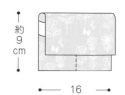

約9cm
16

環保餐袋套組

水壺袋×束口托特包×筷套，
有了這三件式的餐袋組，
就能開心享用午餐時間了！

表布（印花布）／ COSMO TEXTILE（AP76309-1）
製作／金丸かほり

作法 ✄---- **P.48**

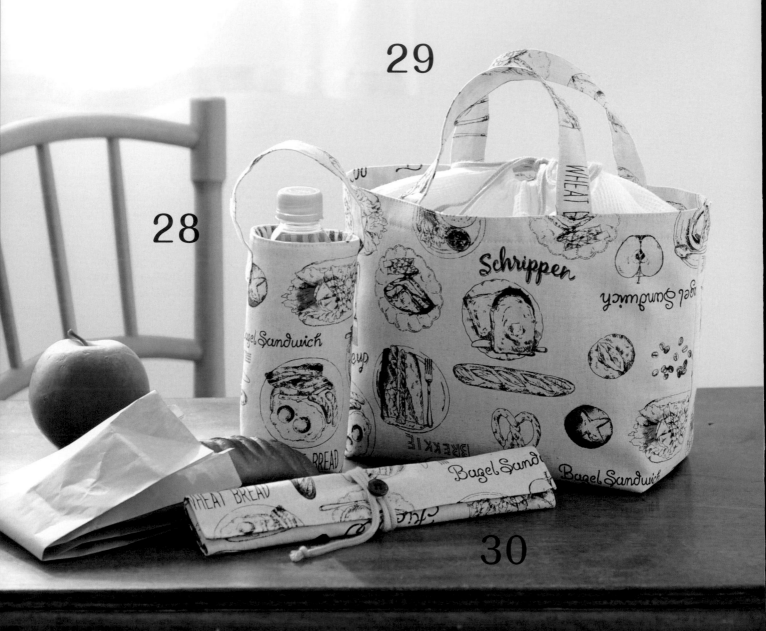

29

28

30

28 以魔鬼氈固定水壺袋的袋口，
可防止內容物滑出。

29 束口袋造型的托特包。
無論是疊放便當或放入水果，
都能輕鬆收納。

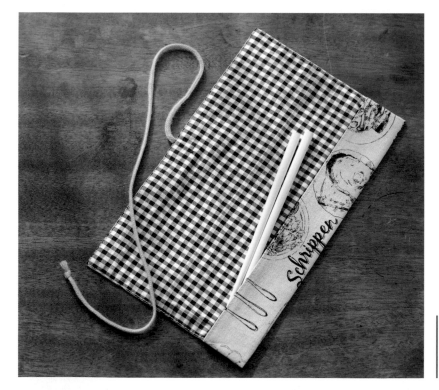

30
筷套為綁繩設計，
內裡使用格子布。

P.46 28・29・30

材料（1組）

表布（印花帆布）110cm寬45cm
配布A（華夫格織維布）70cm寬20cm
配布B（格子棉布）30cm寬25cm
裡布（條紋先染布）100cm寬30cm
接著襯 70cm寬30cm
單膠鋪棉 30cm寬25cm
圓繩 粗0.4cm 210cm
鈕釦 直徑1.5cm 1個
魔鬼氈 2cm寬3.5cm

裁布圖

※○中數字為縫份尺寸。除了特別指定的縫份之外，其餘皆為1cm。
※提把＆魔鬼氈固定帶尺寸已含縫份。

※30的作法參照P.66。

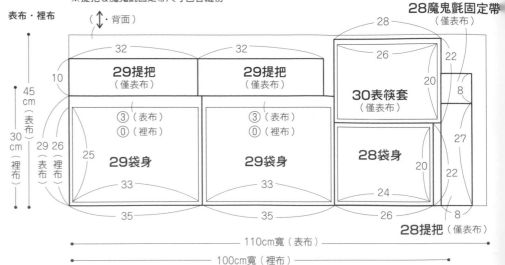

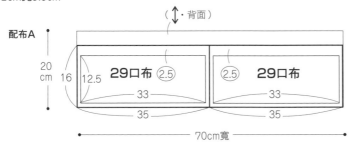

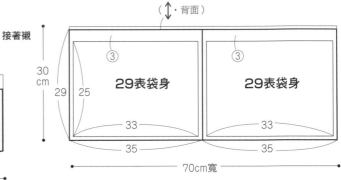

=單膠鋪棉
=接著襯

28 作法

開始縫製前

畫上縫線（完成線）之前，表袋身須先燙貼單膠鋪棉。

4 縫合表裡袋身

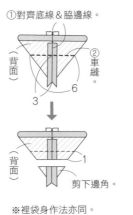

1 **製作魔鬼氈固定帶＆提把**

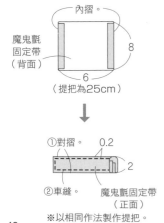

※以相同作法製作提把。

2 **車縫脇邊線＆底線**

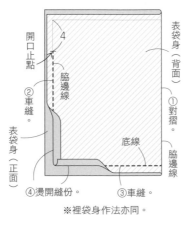

※裡袋身作法亦同。

3 **車縫側幅**

①對齊底線＆脇邊線。

※裡袋身作法亦同。

48

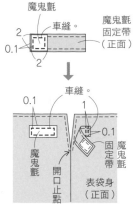

魔鬼氈
車縫。
魔鬼氈
固定帶
（正面）

車縫。

魔鬼氈固定帶・魔鬼氈
車縫位置

魔鬼氈
固定帶

魔鬼氈

開口止點

表袋身（正面）

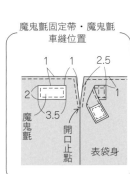

⑥ 縫上提把，完成！

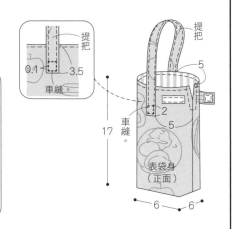

提把

車縫。

17

表袋身
（正面）

⑥ 縫上提把＆口布

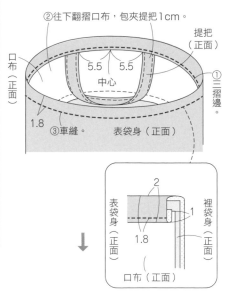

②往下翻摺口布，包夾提把1cm。

口布（正面）

提把
（正面）

5.5　5.5
中心

1.8

③車縫。　表袋身（正面）

①三摺邊。

表袋身（正面）

2

1.8

裡袋身
（正面）

口布（正面）

①立起提把。

提把
（正面）

口布
（正面）

②車縫。

0.1

表袋身
（正面）

---

29 作法

開始縫製前

畫上縫線（完成線）之前，表袋身須先燙貼接著襯。

① 製作口布

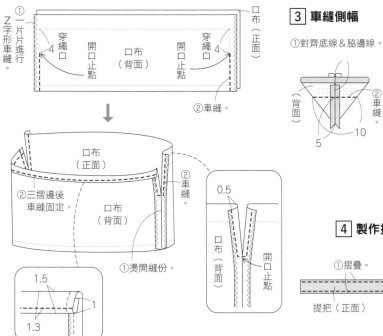

①一片片進行Z字形車縫。

穿繩口

開口止點

口布（背面）

開口止點

穿繩口

口布（正面）

②車縫。

口布（正面）

②三摺邊後車縫固定。

口布（背面）

①燙開縫份。

②車縫。

0.5

口布（背面）

開口止點

1.5

1

1.3

③ 車縫側幅

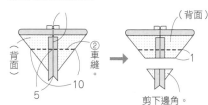

①對齊底線＆脇邊線。

（背面）

（背面）

②車縫。

10

5

1

剪下邊角。

※裡袋身作法亦同。

④ 製作提把

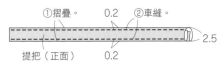

①摺疊。　0.2　②車縫。

提把（正面）　0.2　2.5

⑦ 穿入圓繩，完成！

穿繩方法

80cm圓繩×2條

①穿入圓繩。　圓繩

②打結。

口布（背面）

提把
（正面）

口布
（正面）

表袋身
（正面）

20

10

23

② 車縫脇邊線＆底線

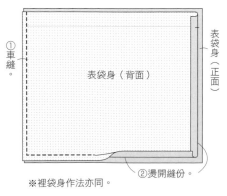

①車縫。

表袋身（背面）

表袋身（正面）

②燙開縫份。

※裡袋身作法亦同。

⑤ 縫合表裡袋身

裡袋身
（正面）

將背面朝外的裡袋身放入翻回正面的表袋身中。

表袋身（正面）

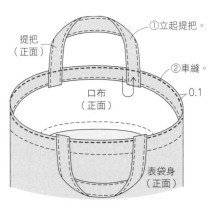
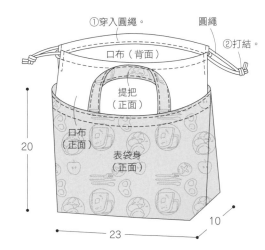

31

沙龍圍裙

較長的沙龍圍裙。
前方開叉，方便行動。

製作／福田美穗

作法 ✂---- P.52

32

袖套

讓暖心可愛的小鴨陪你下廚吧！除了在廚房時使用之外，進行園藝工作或家事時也OK。

製作／福田美穗

作法 ✂---- P.52

33

隔熱套

將手伸入兩側口袋，以夾握的方式拿取鍋蓋的隔熱套。附吊耳，可壁掛收納。

製作／福田美穗

作法 ✂---- P.52

P.50 31　P.51 32・33

材料（1組）

表布（棉麻布）110cm寬115cm
配布（印花綿布）100cm寬40cm
單膠鋪棉 30cm寬20cm
鬆緊帶 0.9cm寬100cm

▭ ＝單膠鋪棉

單膠鋪棉

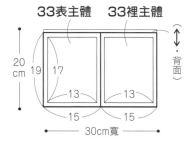

33表主體　33裡主體

20cm　19　17
13　13
15　15
30cm寬

裁布圖

※○中的數字為縫份尺寸。除了特別指定的縫份之外，其餘皆為1cm。
※吊耳尺寸已含縫份。

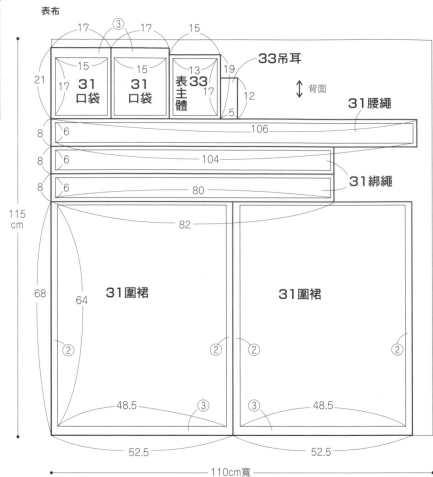

表布

17　③　17　15
15　15　13　19　**33吊耳**
21　17　**31口袋**　**31口袋**　表33　17　背面　12
5
8　6　**31腰繩**　106
8　6　104
8　6　80　**31綁繩**
82
115cm
68
64　**31圍裙**　**31圍裙**
②　②　②　②
48.5　③　③　48.5
52.5　52.5
110cm寬

配布

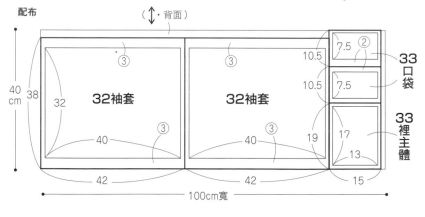

（↕・背面）
③　7.5　②　**33口袋**
10.5
10.5　7.5
40cm　38
32　**32袖套**　**32袖套**　19　17　**33裡主體**
③　③　13
40　40
42　42　15
100cm寬

33 作法

開始縫製前
畫上縫線（完成線）之前，
表主體&裡主體皆須先燙貼單膠鋪棉。

1 製作吊耳

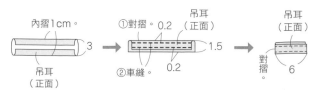

內摺1cm。　吊耳（正面）　吊耳（正面）
①對摺。0.2
3　1.5
②車縫。0.2
吊耳（正面）
對摺
6

2 製作口袋

三摺邊後車縫固定。
0.8
口袋（背面）　1　1

3 接縫口袋&吊耳

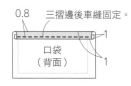

吊耳（正面）　口袋（正面）
表主體（正面）
口袋（正面）
0.5
暫時車縫固定。

4 縫合主體，完成！

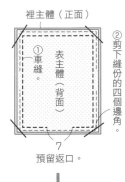

裡主體（正面）
①車縫。
表主體（背面）
②剪下縫份的四個邊角。
7
預留返口。

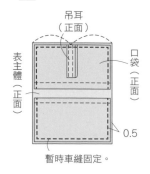

①自返口翻回正面。
口袋（正面）
②縫合返口。
17
13

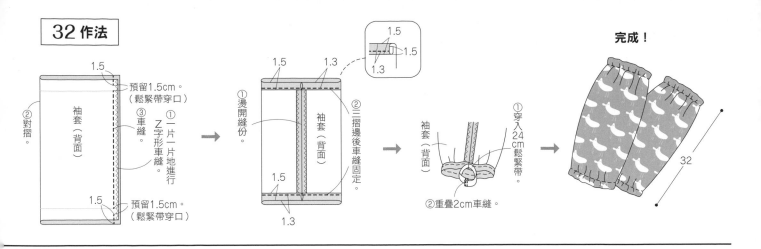

32 作法

31 作法

1 製作圍裙

2 製作口袋

3 接縫口袋＆車縫前中心線

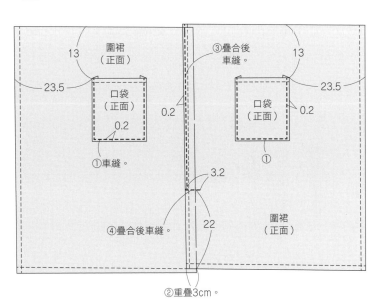

4 接縫腰繩＆綁繩

5 縫上腰繩＆綁繩，完成！

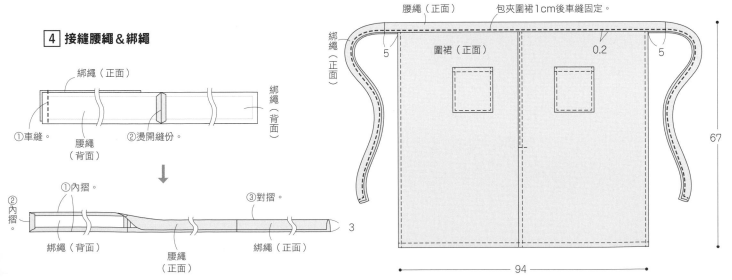

縫紉工具收納包

方便攜帶的裁縫包。書本式的造型設計，口袋可收納縫線＆剪刀，並附有毛氈布的簡便針插。

製作／加藤容子

作法　　P.57

34

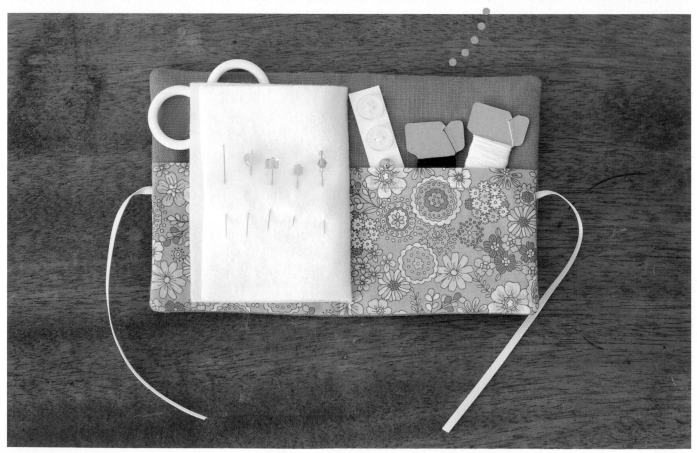

針插

以毛毯繡補強＆點綴邊緣造型的不規則
狀可愛針插。是將兩片正方形布交疊半
片後，接合縫製而成。

製作／西村明子

作法 ✂ P.56

35

36

剪刀套

37

以作品36相同布料製作剪
刀套，將三角形的布片摺
疊後車縫固定即完成，是
如摺紙般的簡單設計。

製作／太田秀美

作法 P.57

P.55 35・36

材料（1個）

表布（印花棉布）10cm寬10cm
35 配布（棉麻布）10cm寬10cm
36 配布（密織平紋布）10cm寬10cm
25號繡線（35紫色・36靛藍色）
珍珠 直徑0.4cm 2個
手工藝用棉花 約8g

作法

1 內摺周邊縫份

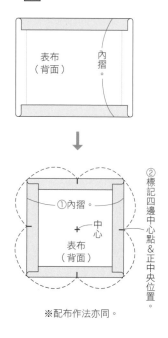

表布（背面）
內摺。

①內摺。
中心
表布（背面）

②標記四邊中心點＆正中央位置。

※配布作法亦同。

3 於中央位置縫上珍珠

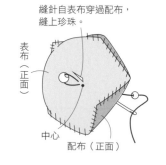

縫針自表布穿過配布，縫上珍珠。

表布（正面）

中心
配布（正面）

拉緊縫線，使珍珠壓陷中心。

表布（正面）

裁布圖

※縫份皆為1cm。

表布・配布

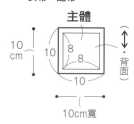

主體

10cm
10
8
8
10
背面

10cm寬

毛毯繡

（取3股繡線）

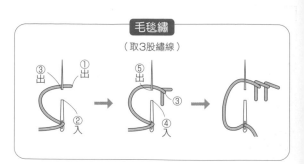

③出 ①出
②入

⑤出 ①
③
④入

2 縫合主體

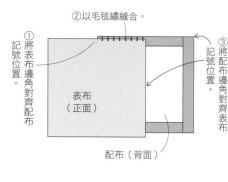

②以毛毯繡縫合。

①將表布邊角對齊配布記號位置。

③將配布邊角對齊表布記號位置。

表布（正面）

配布（背面）

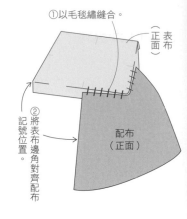

①以毛毯繡縫合。

表布（正面）

②將表布邊角對齊配布記號位置。

配布（正面）

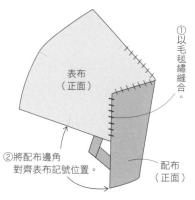

表布（正面）

①以毛毯繡縫合。

②將配布邊角對齊表布記號位置。

配布（正面）

③重覆步驟①・②，車縫周圍一周。

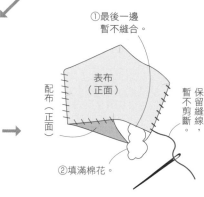

①最後一邊暫不縫合。

表布（正面）

配布（正面）

保留縫線，暫不剪斷。

②填滿棉花。

③以毛毯繡縫合最後一邊。

4 完成！

約8

P.54 34

材料

表布（棉麻布）40cm寬15cm
配布（印花綿布）20cm寬10cm
單膠鋪棉 20cm寬15cm
毛氈布（原色）15cm×10cm
緞帶（沙丁緞帶）0.3cm寬30cm

▨ ＝單膠鋪棉

裁布圖

※○中數字為縫份尺寸。
　除了特別指定的縫份之外，其餘皆為1cm。

表布・單膠鋪棉

表布・單膠鋪棉 15cm 12
表主體 10 16
裡主體（僅表布）16
18 18
背面
40cm寬（表布）
20cm寬（單膠鋪棉）

配布
口袋 ②
10cm 9 6 16
18
20cm寬
背面

毛氈布
10cm 9 毛氈布 ⓪
⓪ 13
15cm
⓪

作法

開始縫製前
畫上縫線（完成線）之前，表主體須先燙貼單膠鋪棉。

1 製作＆接縫口袋

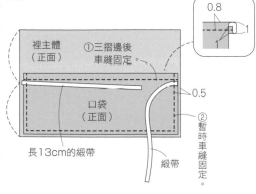

裡主體（正面）
①三摺邊後車縫固定。
0.8 1 1
口袋（正面）
0.5
②暫時車縫固定。
長13cm的緞帶
緞帶

2 製作主體

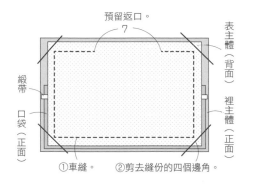

預留返口。
7
表主體（背面）
裡主體（正面）
緞帶
口袋（正面）
①車縫。　②剪去縫份的四個邊角。

3 接縫毛氈布，完成！

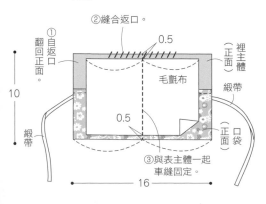

②縫合返口。
①自返口翻回正面。
0.5
裡主體（正面）
毛氈布
緞帶
10
0.5
緞帶
（正面）口袋
③與表主體一起車縫固定。
16

P.55 37

材料

表布（密織平紋布）15cm寬15cm
配布（印花綿布）15cm寬15cm
單膠鋪棉 15cm寬15cm

裁布圖

※縫份皆為1cm。

▨ ＝接著襯

表布・配布・單膠鋪棉

背面
1.5
15cm 主體 13 15
13
1.5
15
15cm寬

作法

開始縫製前
畫上縫線（完成線）之前，表主體須先燙貼單膠鋪棉。

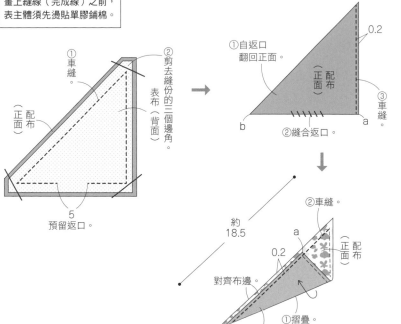

①車縫。
②剪去縫份的三個邊角。
（正面）配布
表布（背面）
5 預留返口。

①自返口翻回正面。
0.2
配布（正面）
③車縫。
b ②縫合返口。 a

②車縫。
約18.5
0.2
a
配布（正面）
對齊布邊。
①摺疊。
b 表袋身（正面）

抓褶髮夾

使髮型加倍可愛的抓褶髮夾。
將小碎花布料重疊上薄紗後,
再縫上珍珠即完成。

設計・製作／西村明子

作法 ✂---- P.61

38

39

手撕布胸花

將長條手撕布縮縫成玫瑰花
狀的胸花。製作方式簡單,
手撕布獨有的可愛質感使成
品充滿魅力。

設計・製作／西村明子

作法 ✂---- P.67

41

40

桌子／AWABEES

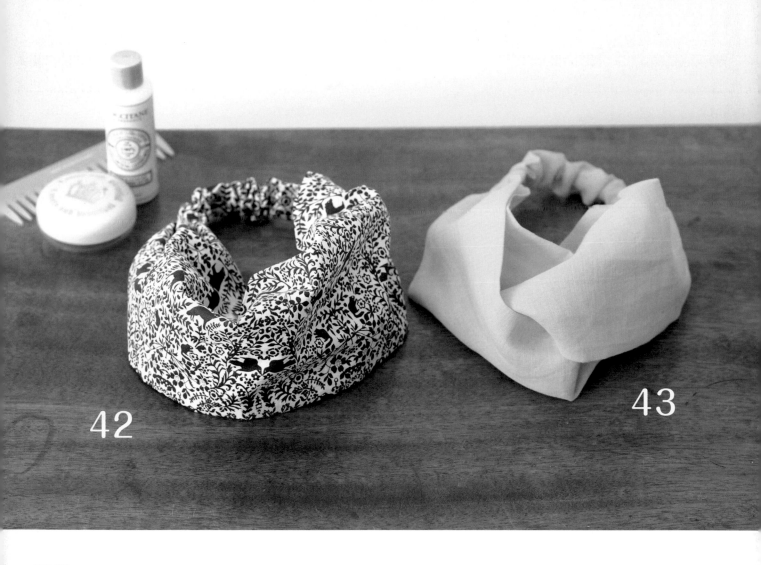

42

43

髮帶

只需要少量布料即可製作的髮帶。
作品42為印花布的單片式髮帶,作
品43則是可表現光影的立體造型設
計。

製作／酒井三菜子

作法 ✂---- P.60

P.59 42・43

42   43

材料（1個）

42 表布（印花綿布）55cm寬30cm
43 表布（棉麻布）100cm寬30cm
鬆緊帶 1cm寬15cm

42裁布圖　※縫份皆為1cm。

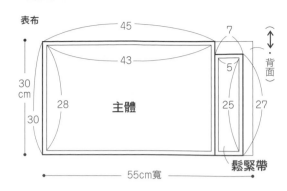

表布
45
43
30cm
30
28   主體
7
5
25   27
背面
鬆緊帶
55cm寬

43裁布圖　※縫份皆為1cm。

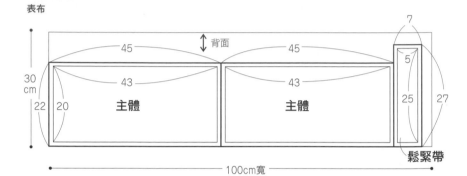

表布
背面
45   45
43   43
30cm
22 20   主體   主體
7
5
25   27
鬆緊帶
100cm寬

43 作法

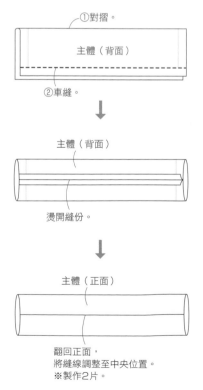

1 製作主體

①對摺。

主體（背面）

②車縫。

↓

主體（背面）

燙開縫份。

↓

主體（正面）

翻回正面，
將縫線調整至中央位置。
※製作2片。

2 製作鬆緊帶套

①對摺。　鬆緊帶套（背面）

②車縫。

↓

鬆緊帶套（正面）

翻回正面。

↓

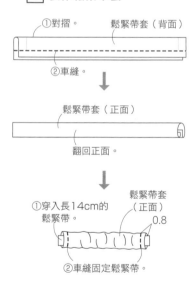

①穿入長14cm的
鬆緊帶。

鬆緊帶套
（正面）
0.8

②車縫固定鬆緊帶。

3 交叉主體

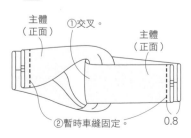

主體
（正面）　①交叉。　主體
（正面）

②暫時車縫固定。　0.8

4 接縫鬆緊帶套＆主體

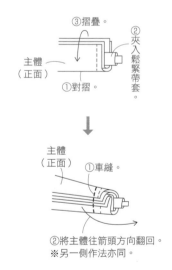

③摺疊。
②夾入鬆緊帶套。
主體
（正面）
①對摺。

↓

主體
（正面）　①車縫。

②將主體往箭頭方向翻回。
※另一側作法亦同。

5 完成！

60

P.58 38・39

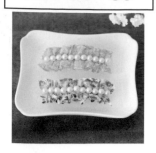

材料 （1個）

表布（棉細平布）20cm寬20cm
配布（軟薄紗）20cm寬5cm
毛氈布（天然色）10cm×5cm
珍珠 直徑0.6cm 11個
髮夾 長5.8cm 1個
接著劑

裁布圖 ※皆不需縫份。

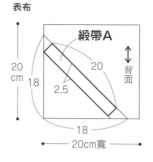

表布

緞帶A

20 cm

18

2.5

背面

18

20cm寬

配布

緞帶B

20

5 cm

2

背面

20cm寬

毛氈布

底座

5 cm

6.5

1

10cm

作法

1 將緞帶抽細褶

以手縫的方式沿著中央線平針細縫。

緞帶A（正面）

拉縮縫線。

6

緞帶A（正面）

※緞帶B作法亦同。

2 重疊緞帶A・B，接縫固定於底座上。

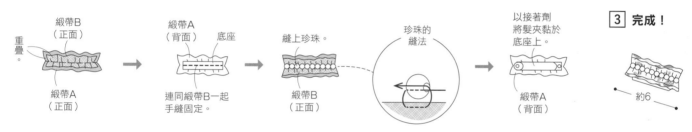

重疊。

緞帶B（正面）

緞帶A（正面）

緞帶A（背面）　底座

連同緞帶B一起手縫固定。

縫上珍珠。

緞帶B（正面）

珍珠的縫法

以接著劑將髮夾黏於底座上。

緞帶A（背面）

3 完成！

約6

---

42 作法

1 將主體抽細褶

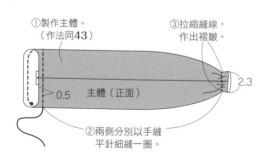

①製作主體。（作法同43）

③拉縮縫線，作出褶皺。

0.5

主體（正面）

2.3

②兩側分別以手縫平針細縫一圈。

2 製作鬆緊帶

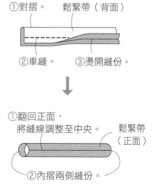

①對摺。

鬆緊帶（背面）

②車縫。　③燙開縫份。

①翻回正面，將縫線調整至中央。

鬆緊帶（正面）

②內摺兩側縫份。

3 接縫鬆緊帶＆主體

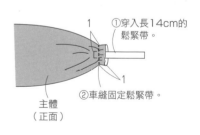

1

①穿入長14cm的鬆緊帶。

1

②車縫固定鬆緊帶。

主體（正面）

4 接縫主體＆鬆緊帶套

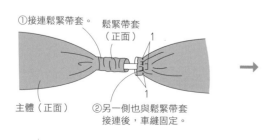

①接連鬆緊帶套

鬆緊帶套（正面）

1

1

主體（正面）

②另一側也與鬆緊帶套接連後，車縫固定。

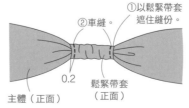

①以鬆緊帶套遮住縫份。

②車縫。

0.2

主體（正面）

鬆緊帶套（正面）

5 完成！

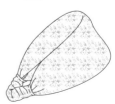

P.9 4

材料

表布（半亞麻斜紋布）75cm寬60cm
裡布（印花棉布）75cm寬60cm
接著襯 75cm寬60cm
後背包配件 1組
魔鬼氈 2.5cm寬5cm
手縫線

▨ =接著襯

作法

開始縫製前
在畫上縫線（完成線）前，
表袋身須先燙貼接著襯。

裁布圖　　　※縫份皆為1cm。

表布・裡布・接著襯　　　　　　　（↕・背面）

袋身　　　　袋身

60cm

57　55

34　　34
36　　36

75cm寬

①對齊脇邊線＆底線。

底線　　脇邊線

表袋身（背面）

②車縫。

5　　10

※裡袋身作法亦同。

① **車縫脇邊線＆底線**

表袋身（正面）

表袋身（背面）

①車縫。

②燙開縫份。

② **車縫側幅**

表袋身（正面）

表袋身（背面）

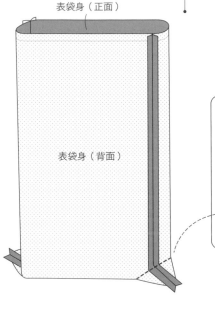

③ **車縫袋口**

裡袋身（正面）

①車縫。

裡袋身（背面）

13　預留返口。

②車縫。

③燙開縫份。

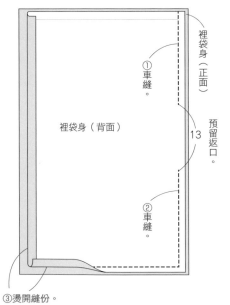

②車縫。　表袋身（背面）

①將翻回正面的表袋身放入背面朝外的裡袋身中。

裡袋身（背面）

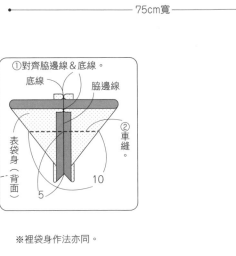

③車縫。　④車縫。　表袋身（正面）

0.2　2.5　2.5

2.5

5

魔鬼氈

②縫合返口。

①自返口翻回正面。

裡袋身（正面）

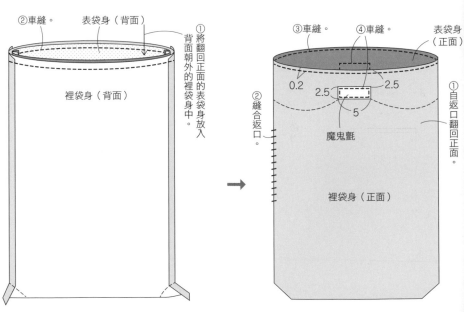

62

4 縫上後背包配件

向上立起。

後背包配件

沿著線孔
接縫固定。

2.5

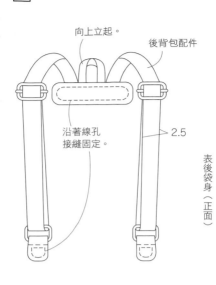

表後袋身（正面）

13.5

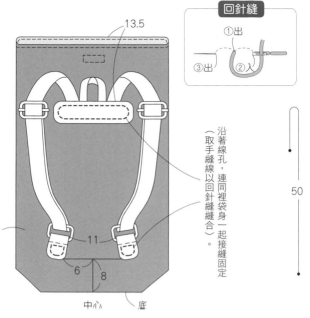

沿著線孔，連同裡袋身一起接縫固定（取手縫線以回針縫縫合）。

11

6　8

中心　底

回針縫

①出
③出　②入

5 完成！

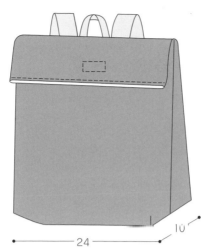

50

24　10

P.30 17

材料

表布（印花綿布）20cm寬40cm
裡布（條紋綿布）20cm寬40cm
單膠鋪棉 20cm寬40cm
蕾絲 0.8cm寬5.5cm
鈕釦 直徑1.5cm 1個

裁布圖

表布・裡布・單膠鋪棉

※縫份皆為1cm。（↑＝背面）

＝單膠鋪棉

袋身

40cm
36
34　底
14
16
20cm寬

作法

開始縫製前

在畫上縫線（完成線）前，表袋身需先燙貼單膠鋪棉。

1 車縫脇邊線

表袋身（正面）

③燙開縫份。

②車縫。

①對摺。　表袋身（背面）

↓

裡袋身（正面）

③燙開縫份。

②車縫。

預留返口

7

裡袋身（背面）

①對摺。

2 車縫側幅

長5.5cm的蕾絲　中心　③暫時車縫固定。

0.5

表袋身（正面）

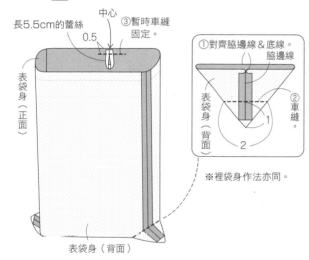

表袋身（背面）

①對齊脇邊線＆底線。
脇邊線
表袋身（背面）
②車縫。
1
2

※裡袋身作法亦同。

3 車縫袋口（參照P.62）

4 縫上鈕釦，完成！

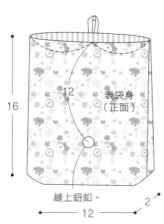

16

12　表袋身（正面）

縫上鈕釦。

2

12

63

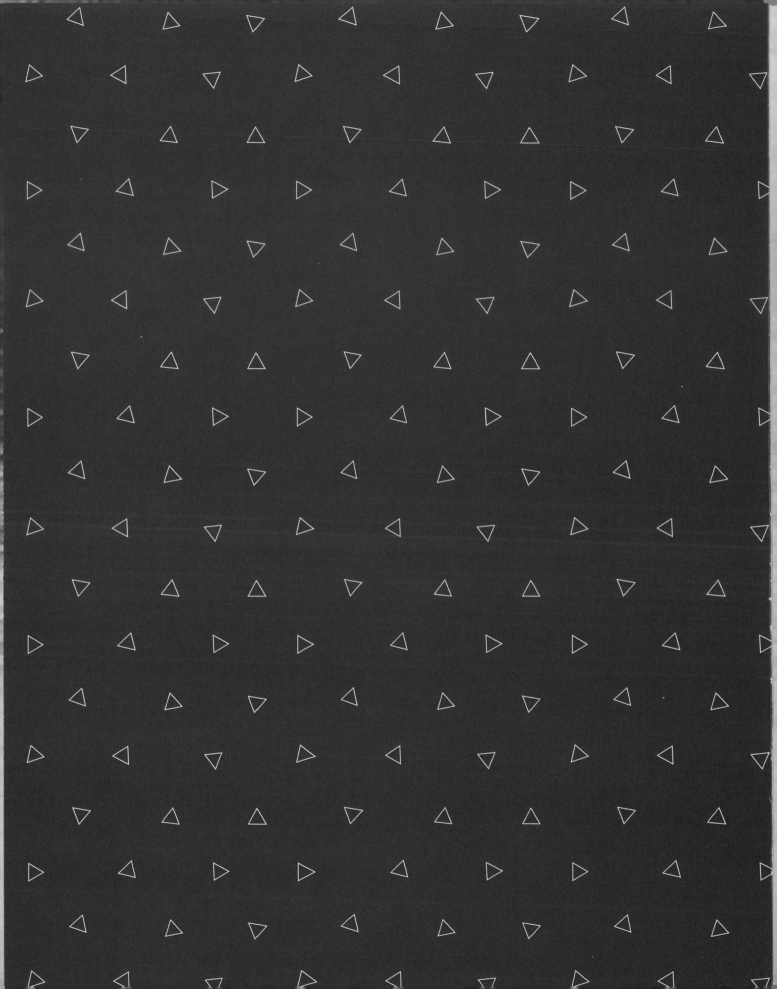